小水滴
漫游京华

林跃朝 刘洪禄 黄俊雄 杨胜利 等 编著

中国水利水电出版社
www.waterpub.com.cn

·北京·

图书在版编目（ＣＩＰ）数据

小水滴漫游京华 / 林跃朝等编著. -- 北京 ：中国
水利水电出版社，2022.5
ISBN 978-7-5226-0750-4

Ⅰ．①小… Ⅱ．①林… Ⅲ．①水资源－北京－普及读
物 Ⅳ．①TV211-49

中国版本图书馆CIP数据核字(2022)第093707号

书　　名	**小水滴漫游京华** XIAO SHUIDI MANYOU JINGHUA	
作　　者	林跃朝　刘洪禄　黄俊雄　杨胜利　等　编著	
出版发行	中国水利水电出版社 （北京市海淀区玉渊潭南路 1 号 D 座　100038） 网址：www.waterpub.com.cn E - mail：sales@mwr.gov.cn 电话：(010) 68545888（营销中心）	
经　　售	北京科水图书销售有限公司 电话：(010) 68545874、63202643 全国各地新华书店和相关出版物销售网点	
排　　版	中国水利水电出版社微机排版中心	
印　　刷	河北鑫彩博图印刷有限公司	
规　　格	140mm×203mm　32 开本　2.25印张　120千字	
版　　次	2022 年 5 月第 1 版　2022 年 5 月第 1 次印刷	
印　　数	00001—10000册	
定　　价	**20.00** 元	

凡购买我社图书，如有缺页、倒页、脱页的，本社营销中心负责调换

版权所有·侵权必究

《小水滴漫游京华》

编 写 人 员

林跃朝　刘洪禄　黄俊雄
杨胜利　薛万来　马　宁
蔡　玉　范海燕　齐艳冰

本书编写单位：北京市水科学技术研究院

前　言

　　水是生命之源、生产之要、生态之基，是人类生存和经济社会可持续发展最重要的自然资源。

　　我国人多水少，水资源时空分布极不均衡，一直是夏汛冬枯、北缺南丰。水资源是经济社会发展的基础性、先导性、控制性要素。但是，现实生活中又存在用水效率低和浪费严重的现象，无意识的浪费随处可见，水龙头关不严、长流水，管网漏损等问题令人担忧。因此，节约用水意识需要全面加强，节水护水宣传教育必须常抓不懈。

　　北京，依水而建，因水而兴，水资源紧缺却是当前基本市情、水情。南水北调通水后，全市水资源短缺有所缓解，但人均水资源量仅为 150 立方米左右，远低于国际上公认的人均 500 立方米极度缺水标准。立足新发展阶段、贯彻新发展理念、构建新发展格局，更加需要水资源的有力保障。面对水资源严重匮乏的严峻现实，节约用水就显得尤为重要。

　　编者认为，北京仍有节水潜力与空间，节水护水活动是一项永无终点的系统工程。节约水资源，培育节水城市文化，大到加强城市精细化利用管理，小到倡导从我做起"光瓶行动"，目的都是让节约用水从个人习惯成为首都北京的城市习惯。保护水资源，让生活更滋润，让北京更宜居，既是本书的创作主线也是本书期望达到的目标。

本书由北京市水科学技术研究院组织编写。在图书创作过程中，得到了相关领导、专家的认真审读和严格把关，力求在主旨立意、内容创作、装帧出版各个环节做到精益求精，适合广大读者阅读。在此，对给予大力支持和帮助的北京市水务局、北京市节约用水办公室相关领导和专家致以诚挚的感谢！

限于编者水平，书中难免有疏漏和不妥之处，敬请读者批评指正。

编者

2022 年 4 月

有一滴小水滴，最爱旅行。此刻，它正在参与自然界的水循环。

　　它先藏身在一处平静的水面上，然后轻盈地蒸发，钻进了白云里。
　　在某个阴天里，遭遇冷空气后，它又变成雨或雪，从天而降。

在良好的生态环境中，小水滴参与的自然界水循环近乎一个闭环，蒸发让水消失，降雨把水补充。

在循环中，小水滴们到处旅行，有的成为土壤水，有的进入河流水库，有的成为地下水，有的进入生物体内。有时，它们被生物体排出体外，又在自然界中被净化……

在自然循环中，小水滴进进出出，虽有年际和季节变化，但总体相对平衡。然而人类生活中要用水洗衣做饭，要用水帮助生产出各种生活用品，人们还要聚居在大城市，于是自然界水循环经常出现缺口。

怎么办？必须要节约用水。

现在，小水滴正从密云水库出发，沿着输水管道，赶往自来水厂。

密云水库是北京最大的、也是最重要的饮用水水源供应地，它可是北京人最大的"水缸"。

水库在降水多的时候，留住水；在降水少的时候，释放水。这样可以使得河流一年四季都有适当的水量，保证我们一年四季都有水用，不怕旱涝。

在自来水厂里，小水滴和南水
北调工程千里迢迢调过来的南水，
拥抱在了一起。

之后，它们在自来水厂经历了一次彻底的"洗澡"：裹挟的泥沙渣滓，掺杂的细菌和病毒，溶解的各种无机物、有机物纷纷被剥离，甚至它们还被彻底地调整了软硬度等"口感"……

经过净化处理，小水滴变得洁净了。现在，小水滴的水质检验合格，被允许进入自来水供水管网。

合格

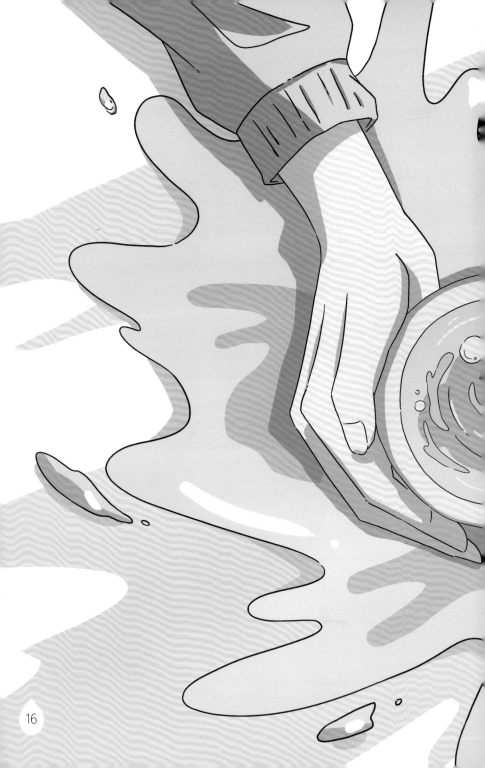

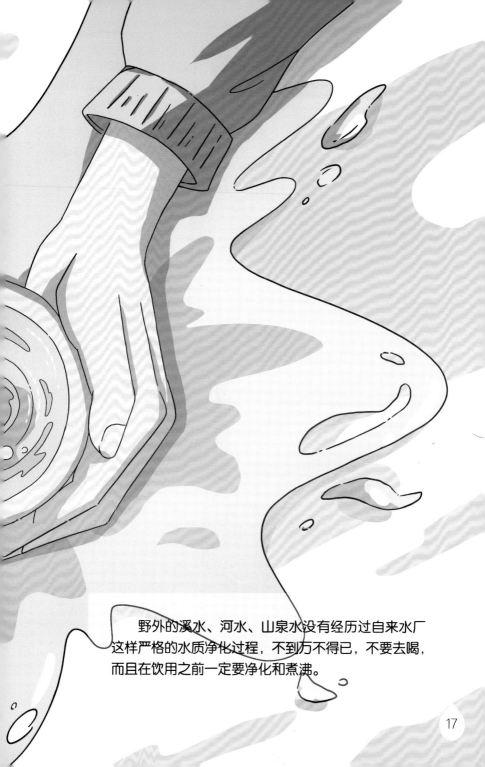

　　野外的溪水、河水、山泉水没有经历过自来水厂这样严格的水质净化过程，不到万不得已，不要去喝，而且在饮用之前一定要净化和煮沸。

在一户人家里，小水滴正穿过节水水龙头的流量调节器，原来家里的小朋友正在洗手。

水龙头中的滤网和格栅规定了小水滴所在的水流大小和前进方向，既节水又能防止飞溅。

引气口引入的空气在水流中变成了一个个气泡泡，使洗手时水用得少了，洗得更干净了。

现在小水滴在家里闲逛。

它看到家里的水龙头、淋浴器和坐便器上都有 1 个深绿色的小水滴图案，原来这叫作水效标识，表示家里用水器具的节水能力。

●1 级水效是深绿色的小水滴，节水最多。

●2 级水效是两个浅绿色小水滴，节水比较多。

●3 级水效是橙色水滴，节水相对较少。

1 级、2 级水效的坐便器，可使每个家庭每年节水约 10 吨，10 年就能节约相当于 20 万瓶矿泉水的水量。

小水滴边看边琢磨，怎样在家中节水？它总结出：

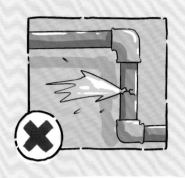 

自来水管渗漏或者爆裂，一定要及时修理，不能让水白白流走。

滚筒洗衣机要比波轮洗衣机省水，而且洗得更干净。

　　淋浴要比盆浴省水，淋浴要20分钟才能灌满1浴缸的水，而通过淋浴洗澡却只需要5分钟。
　　洗脸、刷牙、洗澡、洗菜、洗碗时，不要把水龙头哗哗哗地一直打开，而要随时关闭水龙头或花洒，这样更能节约用水。

要是动动脑筋，把家里的用水过程设计成一条流水线，洗菜水拖地，拖地水冲马桶，就能实现一水多用啦！

最终，小水滴在洗洗涮涮中被冲到了下水道里。
小水滴的绝大部分工作，清洁了他人，却弄脏了自己。

不过，在污水处理厂，小水滴重新变得干净清爽，成为了再生水。

人们每用 1 立方米淡水，就会产生约 0.85 立方米的污水。

而每处理 1 立方米污水，就会消耗 1 度多电，而且污水处理还要加上药剂、耗费人工、处置污泥，污水处理设备也会损耗，一定时间后就要进行检测与维护管理。把这些都算上，污水处理成本大约是每处理 1 立方米污水要花费 2~3 元。

水用得越多，污水排放就越多，处理污水的耗电越多，花钱越多。节水，就是节能减排加省钱。

作为再生水的小水滴既可以用来浇灌城市绿地、清洗街道、还可以在热电厂作为循环冷却水使用。

　　每用一份再生水，就能节约一份新水。

　　2020 年，北京市 40.61 亿立方米用水总量中，再生水 12.01 亿立方米。再生水已经成为北京市重要的第二水源。

　　小水滴知道，只有经过处理后的污水，才能排放到江河湖海。否则会引发水体黑臭、水华和赤潮，造成生态灾难。谁会喜欢污水沟呢?

这一大圈走下来，小水滴想明白了，为什么淡水才被称为水资源：因为水里没有其他有害物质时，人类利用起来才最便捷；而海水溶解了很多无机盐，不能直接利用。要用海水，必须要耗能、花钱进行淡化。

淡化

我们的蓝色星球表面积中，71% 被水覆盖，只有 29% 是陆地。然而这些水中只有不到 3% 是淡水，绝大部分水都是不能直接利用的海水、咸水。而这 3% 的淡水中，有近 70% 储存在南北两极的冰盖中。

小水滴想，地球上的淡水真不多呀！

小水滴想，我国的水资源多吗？

我国水资源仅占全球水资源总量的 6%。

我国人口数量多，人均水资源数量更是非常之低。而且水资源在空间上分布极不均匀，南多北少，东多西少，人口聚集的大城市最需要水，反而经常缺水。

北京的水资源状况是低谷里的低谷。南水北调虽然将北京人均可利用水资源量从 100 立方米提高到 150 立方米左右，但仍远低于国际公认的人均 500 立方米的极度缺水线。如果没有南水北调工程，北京的人均水资源量还不到全国平均水平的 1/20、世界平均水平的 1/80。

小水滴盼着下雨，它想重新体验跳伞运动员一样的感觉。

然而北京的年降水量仅有 585 毫米左右，是一个严重缺水的城市。

下雨下雪对人类非常重要。雨水雪水是人类经常利用的水资源。它们渗入地下成为地下水，汇入江河湖库成为地表水。年降水多的地方，水资源就多；年降水少的地方，水资源就少。

北京的雨水和雪水，不足以支撑北京市的用水，缺口很大。以 2020 年为例，年度总降水量为 560 毫米，形成的水资源量为 25.76 亿立方米。

然而 2020 年北京的需水总量是 40.61 亿立方米。一年就缺口 14.85 亿立方米，相当于 757 个昆明湖的水量。

如果每个北京市民每天节约一滴水，能节约出多少水？小水滴畅想着。

一滴水有多大呢？小水滴看着密密麻麻地挤在自己前后左右的小水滴们问。

一滴水大约为 0.05 毫升。

　　按照 2020 年北京地区常住人口 2190 万人计，每人节约一滴水，就可以节约 1095 升水，相当于 2190 瓶 500 毫升的矿泉水。

如果每个北京市民每天节约一滴水，全年可节约399675升水，接近40万升水。

　　按照住房和城乡建设部发布的我国城市居民用水量标准，北京地区居民生活用水量约为每人每天 85~140 升，能装满 170~280 个 500 毫升的矿泉水瓶子。

如果每个人都能将用水量降到每天 85 升，每天就节约 30 升水，约为 60 瓶 500 毫升的矿泉水。

如果一个人每天饮用 8 杯水，即 4 瓶 500 毫升矿泉水，省下来的水，大约能喝 15 天，够喝半个月了。

每天北京地区就能节约出来将近 65 万吨水——相当于节约出来三分之一个颐和园昆明湖。

　　小水滴想，我还没和地下水聊天呢。很快它就见到地下水了。

　　地下水告诉小水滴：地下水一直作为城市的应急水源，不到紧要关头，不要动用。可是北京一直水资源紧张，我们后备军直接成了主力军。

地下水超采，让河道断流，井里打不上水，山泉消失了，湿地变小了，北京甚至华北地区出现了大范围的地下水下降漏斗，导致地面沉降。

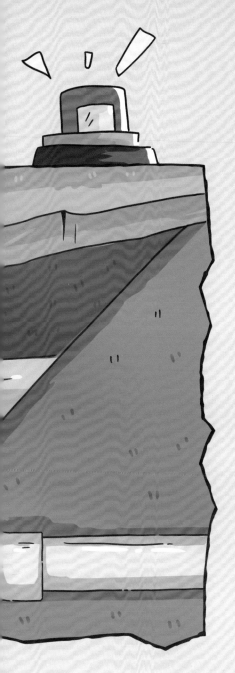

　　谁希望家里住的房子地基倾斜、房子出现裂缝呢？南水北调工程不仅补充了北京的生活用水，还将水存储于地下。现在北京地下水位逐年回升，但我们透支的地下水还很多哟，与1980年相比，大约还有75.7亿立方米的历史欠账哦！

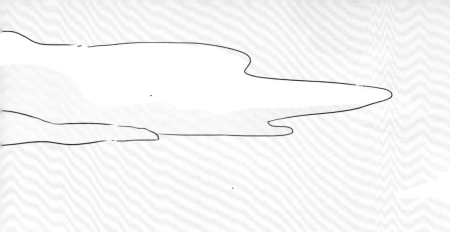

小水滴想，农作物离不开水。农业生产怎样节水？
还是先看看数据吧！

不同农作物喝入的水量有很大不同，1立方米水能生产小西瓜28斤，白菜200斤，青椒40斤，茄子、西葫芦36斤，小西红柿20斤……粮食作物里，可以生产小麦3~4斤，玉米6~7斤。

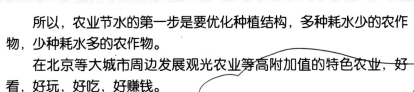

所以，农业节水的第一步是要优化种植结构，多种耗水少的农作物，少种耗水多的农作物。

在北京等大城市周边发展观光农业等高附加值的特色农业，好看，好玩，好吃，好赚钱。

现在滴灌、喷灌都是常见的节水灌溉。涓涓细流，既让作物解渴，又不浪费水。

这些措施多管齐下，北京农业年用新水量从 1980 年的 31 亿立方米，下降到 2020 年的 3.3 亿立方米。

采用水肥一体化，把肥料和水一起做成流食，根据生根发芽、分蘖抽条、结果灌浆等不同发育期，对农作物进行精确"饲养"。

对温室内的水培蔬菜，干脆模拟空间站，用封闭式灌溉系统，灌溉水可回收后重复利用。

工业生产也很耗水。小水滴想，那就去亦庄节水示范园区转一转吧！小水滴一头扎入亦庄的工业用水管道中。

时间过去好久了，也不见小水滴出来。原来，亦庄的工业用水实施"三级循环体系"，企业水资源自循环、产业链水资源循环和区域水资源整体循环。

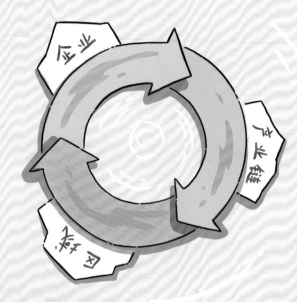

这样，一滴水会重复使用好几次，相当于一下子增加好几倍的供水量。

不过，小水滴在不断的循环再利用中，好像被转晕了。

继续用数据说话。2019年，开发区的万元 GDP 水耗连续 7 年保持在 4 立方米，是北京市平均水平的三分之一；工业用水中再生水使用比例为 40%，用水效率全市最高，进入国际先进水平的行列。

小水滴开始在心里算笔账。节约 1 吨自来水相当于减少了生产 1 吨自来水的能耗、二氧化碳排放，同时也减少了 0.85 立方米污水的收集处理费用、能耗和二氧化碳排放。

1吨水？

这些工厂还少付了 1 吨的自来水费。节水节能减排省钱，真是太划算了！

　　2021 年国庆节前夕，得益于北京市开展的跨流域多水源生态补水工程，和大海久未谋面的北京五大水系（永定河、潮白河、北运河、泃河、拒马河）干流全线水流贯通，重新和大海相拥。

"安全、洁净、生态、优美、为民，这五个治水目标真是一个也不能少。"小水滴思忖着，就来到了永定河边。

先有永定河，后有北京城。永定河是北京的母亲河。

然而，20 世纪 70 年代，永定河流域遭遇干旱，降水减少了10%。水资源紧缺，大家纷纷筑坝拦水，大量取水。永定河多处河段断流干涸，河床沙化。永定河母亲奄奄一息。

卢沟桥西岸

晓月岛

晓月湖

宛平湖

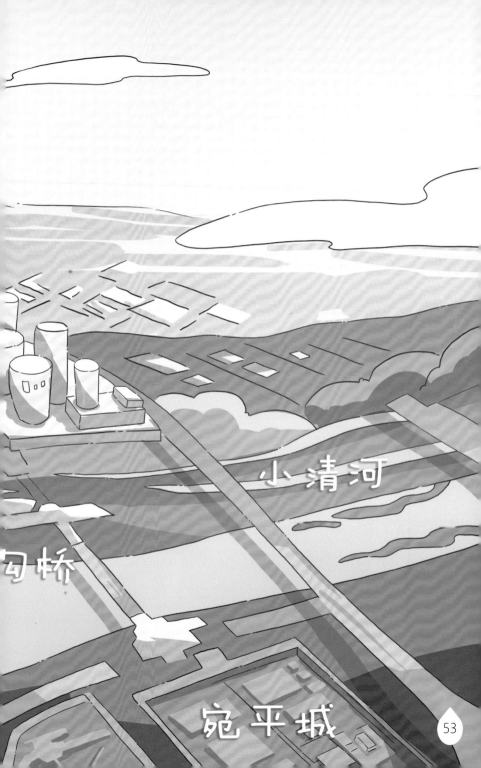

小清河

勾桥

宛平城

53

随着地下水水位下降，永定河流域内的生态系统严重退化。燕京八景之一的"卢沟晓月"也消失了。

　　为此，北京市实施了永定河生态补水工程，北京市境内的170公里永定河河段，25年来首次实现全线通水，永定河母亲又焕发了勃勃生机。

城市桃花源

"感谢永定河生态修复工程，我现在可健康了！门城湖、莲石湖、晓月湖、宛平湖和园博湖，还有园博园湿地，芳草鲜美，落英缤纷，堪称城市桃花源。"永定河迫不及待地向小水滴倾诉。

永定河现在新增了8万亩湿地水面，鱼跃河塘，百鸟觅食，沿河到处都是优美的景致，"河畅、水清、岸绿、景美"。卢沟晓月又回来了！人们在城市内就可以感受自然风光。

一黑一白两只大鸟正在水边翩翩起舞。这不是珍稀水禽黑鹳、白鹭吗？

"欢迎你到我家里来做客。"黑鹳和白鹭热情地和小水滴打着招呼。

"你的家？"

"北京大力治水，生态环境好了，我们已经成为北京的常客留鸟。北京就是我们的家。"

　　现在，北京五大河流域已经成为了鸟类天堂。仅在潮白河流域，就有国家一级保护野生动物金雕、大鸨，国家二级保护动物小天鹅、黑鸢、赤腹鹰、斑嘴鸭等常住居民。

小水滴干脆来个北京观光游，拜访另外三条大河。

"全流域生态治理后，拒马河周边景色更美，游人更多，附近农户的收入都增加了！"拒马河说。

"五河入海，可以防止入海口咸潮倒灌、沿海地区淡水资源被污染和滩涂盐碱化。五河入海，正是京津冀协同发展的典型案例。好邻居，一起发展，一起过上好日子。"连最低调的泃河都忍不住发言了。

"作为唯一发源于北京境内的河流，我没有几位见多识广。"北运河一贯谦逊。

"一水连通京津冀，北运河重新通航，多么了不起的大事！"小水滴点评道。

北运河是京杭大运河的北段。京杭大运河是世界上最长的人工运河，历史上曾是沟通中国南北商贸重要的交通大动脉。现在北运河全线水流贯通入海。

大运河公园水流潺潺，杨柳依依。

小水滴想："创新、协调、绿色、开放、共享，这才是治水的根本要略，而这正是贯彻落实党中央的江河策。"

绿色、开放、共享

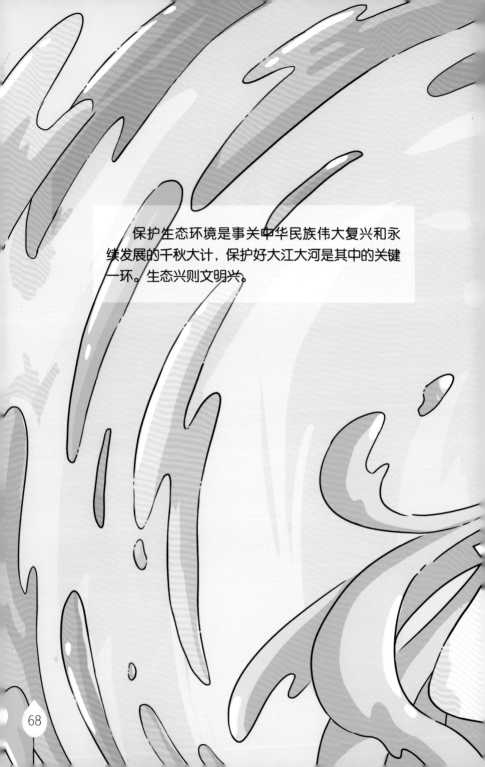

　　保护生态环境是事关中华民族伟大复兴和永续发展的千秋大计，保护好大江大河是其中的关键一环。生态兴则文明兴。

心中回荡着"继续守护好密云水库"的殷殷嘱托，小水滴回到了本次旅行的起点——密云水库。

　　这是北京的重要水源地。小水滴想，必须把保水护水作为头等大事，像爱惜自己的眼睛一样守好水源地。没有比在良好的生态环境下进行绿色发展更好的社会经济发展路径了。

　　绿水青山就是金山银山！没有了绿水青山，哪里有金山银山！